羅大頭 數學冒險

初階3

羅阿牛工作室 ◎ 著

中華教育

責任編輯　梁潔瑩

裝幀設計　鄧佩儀

排　版　陳美連

印　務　劉漢舉

羅阿牛工作室 ◎ 著

出版｜中華教育

香港北角英皇道 499 號北角工業大廈 1 樓 B 室

電話：(852) 2137 2338　傳真：(852) 2713 8202

電子郵件：info@chunghwabook.com.hk

網址：http://www.chunghwabook.com.hk

發行｜香港聯合書刊物流有限公司

香港新界荃灣德士古道 220-248 號荃灣工業中心 16 樓

電話：(852) 2150 2100　傳真：(852)2407 3062

電子郵件：info@suplogistics.com.hk

印刷｜泰業印刷有限公司

香港新界大埔大埔工業園大貴街 11-13 號

版次｜2024 年 1 月第 1 版第 1 次印刷

©2024 中華教育

規格｜16 開（235mm x 170mm）

ISBN｜978-988-8861-11-8

羅大頭

性格 遇事沉着冷靜，善於思考，對事情有獨到的見解。

數學能力 對研究數學問題有極大的興趣和熱情，有較高的數學天賦。

朱栗

性格 文科教授的孫女，心思細膩，喜好詩詞，出口成章。和很多的女孩子一樣，害怕蟲子，愛美。

數學能力 對數學也十分感興趣，能夠發現許多男生發現不了的東西。

李沖沖

性格 人如其名，性格衝動，熱心腸，樂於助人，喜愛各種美食。

數學能力 善於提出各種各樣的問題，研學路上的開心果。

阿柳博士

數學能力 萬能博士，有許多神奇的發明，是三個孩子研學路上的引路人，能在孩子們解決不了問題時從天而降，給予他們幫助，是孩子們成長的堅實後盾。

序言

　　大人們一般是通過閱讀文字來學習的，而小孩子則不然，他們還不能把文字轉化成情境和畫面，投映在頭腦中進行理解。因此，小孩子的學習需要情境。這也是小孩子愛看圖畫書，愛玩角色扮演遊戲（如過家家），愛聽故事的原因。

　　漫畫書是由情境到文字書之間的一種過渡，它既有文字書的便利，又有過家家這類情境遊戲的親切，解決了小孩子難以將大段文字轉化為情境理解的困難。因此，它深受孩子們的喜歡也是必然的。

　　羅阿牛（羅朝述）老師是我多年的好朋友，我很佩服他對於數學教育的執着。多年來，他勤於思考，樂於研究，在數學教育領域努力耕耘。他研究數學教學，研究數學特長生的培養，思考數學教育與學生品格的培養，並通過培訓、講學、編寫書籍，實踐自己的理想。尤其可貴的是，他在教學中不是緊盯着分數，而是重視孩子們思維的訓練和品德的養成。

　　這套書是他多年研究成果的又一結晶，書中將兒童的學習特點和數學的思維結合在一起，讓數學的思想、方法可視可見，讓學習數學不再困難。

任景業

全國小學數學教材編委（北師大版）

分享式教育教學倡導者

目錄

1. 真假小數點

阿柳博士帶着小夥伴們去數學王國取一份快遞。

出來吧，白龍馬！

白龍馬，能帶我們去一趟數學王國嗎？

哇！

小女生。

嗯哼～

變

阿柳博士是聰明的唐僧！

我變成了沙和尚！

南無阿彌陀佛⋯⋯出發吧！

變裝

你們快看！那裏有兩個人吵得不可開交呢！

快遞驛站

⋯⋯

⋯⋯

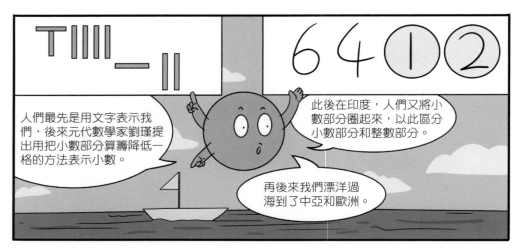

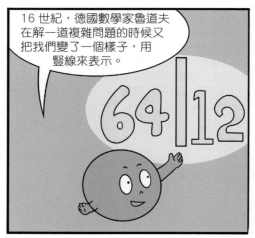

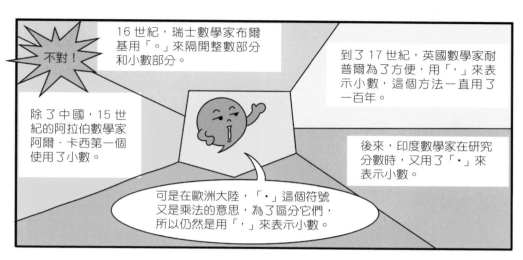

16世紀，瑞士數學家布爾基用「。」來隔開整數部分和小數部分。

不對！

除了中國，15世紀的阿拉伯數學家阿爾·卡西第一個使用了小數。

可是在歐洲大陸，「·」這個符號又是乘法的意思，為了區分它們，所以仍然是用「，」來表示小數。

到了17世紀，英國數學家耐普爾為了方便，用「，」來表示小數，這個方法一直用了一百年。

後來，印度數學家在研究分數時，又用了「·」來表示小數。

又打起來了……

其實你們都是小數點！這次數學國王請我過來就是讓我告訴你們這件事。

現在的小數點分為兩大派：一派是「，」，一派是「·」。歐洲一些國家用逗號，而其他國家用小黑點。小數在中國的出生遠遠早於歐洲，但現在代數中所用的小數表示方法卻是從西方國家傳入中國的。

姓名：小數點

姓名：小數點

這樣說來,我們是失散多年的兄弟咯!

我從來不知道我們小數點家族還有親戚。

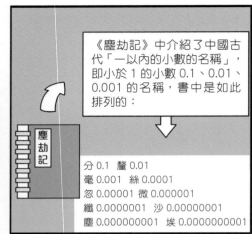

《塵劫記》中介紹了中國古代「一以內的小數的名稱」,即小於 1 的小數 0.1、0.01、0.001 的名稱,書中是如此排列的:

塵劫記

分 0.1　釐 0.01
毫 0.001　絲 0.0001
忽 0.00001　微 0.000001
纖 0.0000001　沙 0.00000001
塵 0.000000001　埃 0.0000000001

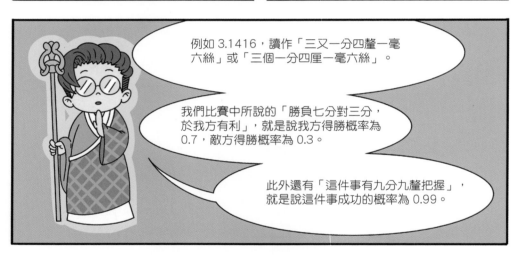

例如 3.1416,讀作「三又一分四釐一毫六絲」或「三個一分四厘一毫六絲」。

我們比賽中所說的「勝負七分對三分,於我方有利」,就是說我方得勝概率為 0.7,敵方得勝概率為 0.3。

此外還有「這件事有九分九釐把握」,就是說這件事成功的概率為 0.99。

難怪我的火眼金睛看不透,原來小數點有這麼多名字呀!

2. 千萬別小看我

哇！真的好貴呀！

救命呀！我發燒了！
我的體溫有 360℃！

360℃

我的存款有
60 萬元！
發財了！！

這簡直是天下
大亂啊！

王宮

數學王國這是發
生甚麼事了？

唉……我讓小數點去度假了，
結果就……

咦？怎麼會
這樣？

我們還是先找到
小數點再說吧！

阿柳博士，為甚麼一個小小的圓點會造成這麼大的影響呢？

不要小看這個小小的圓點，一旦少了它，就會出現難以預料的問題。

上飛船吧

太空好漂亮啊！

咦？是警報聲？

滴滴滴

飛船墜落啦！

下墜

阿柳博士！救命！！

原來是幻覺啊……

剛剛是模擬了一場發生在 1967 年的飛船事故。

因為地面檢修人員在工作時弄錯了一個小數點，導致蘇聯的聯盟一號宇宙飛船墜毀。

好遺憾啊……

在生活中小數點也很重要哦，看看你這個月的零食賬單。

緊張～

個、十、百、千、萬……哇啊！我用了整整 1 萬元！

你也太能吃了！

10000元?!

你再看看是多少？

不是 1 萬元，而是 100 元！

100.00 元

嚇得我血壓差點噴出頭頂了⋯⋯

哈 哈 哈

小數點原來這麼重要啊。

是呀！它真的很重要。

曾經有一位老奶奶收到醫院發來的繳費通知單，上面寫着：欠費 63444 元。老太太看了之後一陣眩暈，倒地不起。後來才發現是小數點的位置錯了，應該是 634.44 元。

$$63444 \longrightarrow 634.44$$

少了一個小數點，竟然要了一條人命。

小小一個點，可是掌握着數學命脈啊！

真厲害！

我雖是個不起眼的小不點，可千萬別小看我啊！

我向左移一位，你立馬變小；我向右移三位，你會立馬變成原來的 1000 倍！

13

3. 幾何的由來

帶你們去見識見識吧!

噌噠!

哇!哇!哇——

我不想被摔死啊!

我們這是在海裏嗎?

泡泡球!上升!

這裏是尼羅河的河底,讓我帶你們看看幾何的誕生吧。

(上升——)

破水而出!

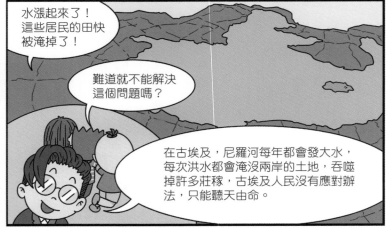

水漲起來了!這些居民的田快被淹掉了!

難道就不能解決這個問題嗎?

在古埃及,尼羅河每年都會發大水,每次洪水都會淹沒兩岸的土地,吞噬掉許多莊稼,古埃及人民沒有應對辦法,只能聽天由命。

當然可以。

人們在困境中總會誕生許多智慧。古埃及人民為了解決這個問題，重新規劃土地，修築防禦工事。在這個過程中，他們的經驗逐漸昇華為一門新的學科 —— 幾何。

我們繼續走吧！

唰唰——

起飛！

好亮的星星！

不要急，你們馬上就會知道的。

阿柳博士，你不是要介紹幾何嗎？為甚麼把我們帶到高空看星星？

降落～

你們看！他們是誰？

利瑪竇兄，我該如何翻譯這代表形體的詞語，大眾才能接受啊？

我也不知道，中國的文字太複雜了，我之前提出的那些都多多少少有點不達意，這可太讓人頭痛了。

他們是？

那是中國明代有名的數學家徐光啟，旁邊的是他的朋友意大利傳教士利瑪竇，他們現在正在翻譯一本非常有名的書籍。

那是甚麼書？

是幾何之父古希臘數學家歐幾里得編寫的書——《幾何原本》。大約在公元前300年，歐幾里得比較系統地總結了古代勞動人民長期積累的知識，創作了這部研究圖形的著作。後來利瑪竇把它帶到了中國。

原來是這樣！

迢迢牽牛星，皎皎河漢女。
纖纖擢素手，札札弄機杼。
終日不成章，泣涕零如雨。
河漢清且淺，相去復幾許。
……

哎～

幾許……幾許？幾多？幾何！幾何！不如我們就按照星星給的答案，叫它「幾何」！

幾何，幾何……真是好名字！真是好名字！那我們這本書就翻譯成《幾何原本》如何？

太好啦！太好啦！

哈哈哈哈！

原來這就是幾何的由來！

4. 與太陽先生談「角」

阿柳博士，您認識那麼多人，您覺得最厲害的是誰呀？

我認識一個令我驚奇的大傢伙。

想見見嗎？

想見呀！

到底是誰呢？

激動！！

其實他就在你們的身邊，你們每天都會看見他。

嘀

那不是太陽嗎？！

阿柳博士，好久不見。

我可天天都見你啊，太陽先生。

不是太陽公公嗎？怎麼他的聲音聽起來像個大叔！

啪！

笨蛋！不要隨便喊別人大叔，快給人家賠禮道歉！

好的。

對不起！太陽先生，要不我畫幅畫像給您賠禮吧。

好啊～要畫得非常、非常圓才可以哦～

把兩個量角器拼到一起，就是一個完整的圓！

怎麼畫呢？

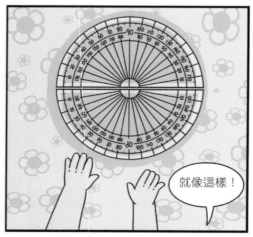

就像這樣！

沒錯。這個就是量角器，又叫半圓儀，它把一個半圓分成 180 等份，通過圓心的這條直線叫作零刻度線。

零刻度線

圓心

甚麼是「角」呢？

由一點出發的兩條射線所組成的圖形就叫作角。

線

→角

點

線

那你們知道角的來歷嗎？

搖頭

很久以前，兩河流域誕生了諸多人類文明，角度就是其中之一。

古巴比倫人對角度的靈感，源於長期的天文觀測。

他們通過我從春分日到秋分日劃過半個周天的軌跡，將圓周定為 360°，平角定為 180°。角度的符號為小圈，它最初就代表 —— 我。

180°

人們對角的認識，最初很可能來自對自己身體構造的觀察。古人觀察到隨着人的運動，大腿和小腿之間、上臂和下臂之間都會形成一個角度，他們逐漸就產生了角的模糊概念。

這個符號好可愛呀！是叫度嗎？它是怎麼來的呢？

現在的角度符號度「°」、分「'」、秒「"」是起源於古希臘的。古希臘天文學家托勒密在《天文學大成》一書中採用了角度符號，他對角度的進位採用了古巴比倫人的六十進制。他把圓周分成 360 等份，每一份叫作 1°，又將 1°分為 60 等份，依此類推。這些小份依次叫「第一小份」（後來叫「分」），「第二小份」（後來叫「秒」）。

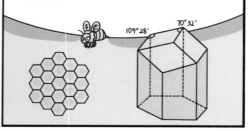

德國數學家、天文學家萊茵霍爾德於 1551 年就開始採用現代形式的「°」「'」「"」符號了，他用兩種形式表示角的度數，如蜂房底面的每個正六邊形鈍角都是 109°28'，銳角都是 70°32'。

109°28'　70°32'

來玩個小遊戲吧。

你們來測量一下，我的陰影有多少度？

把量角器放在角上，量角器的中心，也就是圓心和角的頂點重合，零刻度線和角的一條邊重合，角的另一條邊所對的量角器上的刻度，就是這個角的度數。

測出來了！

不過，用量角器怎麼畫角呢？

讓量角器的中心，也就是圓心和射線的端點重合，零刻度線和射線重合。要畫多少度的角，就在量角器上相應刻度的地方點一個點，再把這點和射線的端點連接起來。

注意，在點這個點時，要看清楚是量角器右邊的零刻度線還是左邊的零刻度線和射線重合，以確定是看量角器裏排還是外排的刻度。

我們學會啦！謝謝你，太陽先生！

要多多觀察周圍，多思考，你們也能像古巴比倫人一樣獲得啟示，畢竟：數學就源於生活。

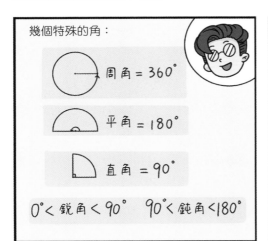

幾個特殊的角：

周角 = 360°

平角 = 180°

直角 = 90°

0°＜銳角＜90°　　90°＜鈍角＜180°

請小朋友們動動腦筋，動動手，試試只用這兩副三角板可以準確畫出哪些角來。比比看，誰畫得又好、又快、又多！

25

我可以畫出 30°、45°、60°、90°四種大小的角！我得第一了！

我還能畫出 15°、75°的角。

45° − 30° = 15°

45° + 30° = 75°

這次比賽的冠軍是羅大頭！你們看，他畫出了 11 個角。

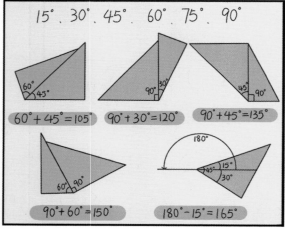

15°、30°、45°、60°、75°、90°

60° + 45° = 105°

90° + 30° = 120°

90° + 45° = 135°

90° + 60° = 150°

180° − 15° = 165°

耶～

這 11 個角從小到大正好依次相差 15°，太神奇了！

哇哦，又學到新知識了！

5. 有趣的「線」

我的金箍棒可以無限延伸！你們是鬥不過我的！

我的魔杖最厲害！

我的光劍可以衝破天際！我才不會輸給你們！

你們這是在玩角色扮演嗎？

阿柳博士！

要比誰更厲害，我有一個好辦法。走，和我一起去看看。

走吧！！

我們來到二維世界了呢！

有三姐妹住在這裏。誰能分辨出大姐、二姐、小妹，那麼誰就最厲害！

好耶！

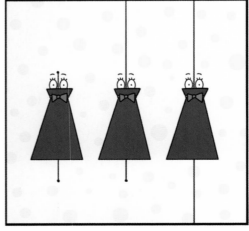

頭上、腳上都有點的一定是小妹，她不能變化長度！

腳上有點，只有頭上可以延伸，她一定是二姐！

頭上、腳上都沒有點的一定是大姐！她可以向兩個方向變得長長長長……

其實，這三姐妹分別是線段、射線以及直線。

朱栗的魔杖兩端是固定的，不能延伸，所以可以看作線段。線段指任意兩點間的部分，是由兩個端點斷開的直線上的一「段」。它的長度就是兩點之間的距離，是可以測量的。

李沖沖的光劍有一端是固定的，而另一端可以無限延伸，我們把它看作射線。射線是指一點和它一旁的部分組成的線，它擁有一個端點，而以這個端點為起點的線條可以無限延伸。

羅大頭的金箍棒兩端都可以無限延伸，我們把它看作直線。直線是你們剛才認識的線段和射線的「地基」，是一條沒有盡頭的線，它沒有端點，所以可以向兩頭無限延伸。

太神奇了！

線段：有兩個端點，是連接兩點的最短的線。

射線：線段保持它的方向，向一端無限延伸得到的線。

直線：線段向兩端無限延伸得到的線。

我們坐上穿梭機再去看看吧。

其實線段就像一條道路，有始有終；而射線就像手電筒的光柱，只有始，沒有終。

你們看！那條跑道是線段！

那束燈光是射線！

那直線呢？

我們在時間影院啊！

落地

這裏全是歷史畫面！

618年 1127年 1688年 1950年 2008年

關於直線，最好的比喻其實就是時間。

我們以前發生的事情無窮無盡，未來發生的事情也有無數種可能，就像沒有起始，也沒有終點的直線。

我總結了一下：線段 —— 有始有終，射線 —— 有始無終，直線 —— 無始無終。

對，總結得好！請同學們注意，連接兩點的線有無限多，只有線段是最短的。

記住啦！

6. 白雪公主的城堡

白雪公主和王子一起回到城堡，舉行了盛大的婚禮——

太好啦！終於大團圓啦！

白雪公主太幸福了！

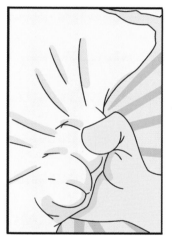

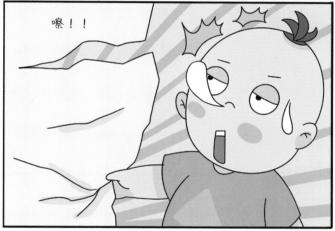

嘿！！

羅大頭！！看看你幹的好事！

呃……大事不妙……

阿柳博士，城堡只剩下一半了！

對不起，阿柳博士，我不是故意的。

別急，讓我想想辦法。

有了！！缺少的部分我們可以把它畫上去。

阿柳博士，這個城堡太複雜了，我們不會畫呀！

阿柳博士，您還是揍我一頓吧……

你們可以運用軸對稱的知識來畫哦。

軸對稱

甚麼是軸對稱啊？

搖搖頭～

啊！毒蘋果？！
救救我！
我還不想死！

好了好了，這只是一個小玩笑，蘋果是沒有毒的。

哈哈哈！

但是……
如果想得到真正的獎勵，你們還得接受一項考驗。

沒問題！

許多國家都有軸對稱的建築，它們看上去既莊重又漂亮。

我希望你們能運用軸對稱的知識畫出你們喜歡的建築。

我們一定要贏下阿柳博士的獎勵！

奮

筆 疾

書……

39

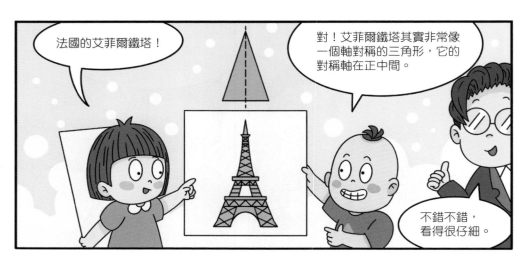

大自然創造了好多好多軸對稱的事物，比如：火熱的太陽、文靜的月亮、對稱的花瓣、對稱的海星、大家的臉⋯⋯

人們利用對稱美還造出了橋樑、汽車⋯⋯

以後，你們還會發現在數學中也有好多迷人的對稱現象，利用它們可以獲得問題的漂亮解答（如：將軍飲馬問題）和令人陶醉的結論（如：海亞姆三角形）。

我們要好好運用它！

軸對稱真是太有趣了！

7. 漫語星期

44

實驗室

好亂哦！實驗室是被搶劫了嗎？

啊！誰用土塊砸我？！

就是你對着許願樹許願一直過星期六、星期天的？

老爺爺，您別生氣，到底發生甚麼事了？

我們是星期之神！你們一週的每一天都由我們負責，不過呢，現在都是土星爺爺和太陽神叔叔負責了！

我都一把老骨頭了，還得天天上班！怎麼受得了嘛……

你們是星期之神？神也要上班嗎？

45

當然，早在公元前 7～6 世紀，古巴比倫人便有了星期制。他們把一個月分為 4 週，每週 7 天，即一個星期。

後來他們建造了七星壇祭祀星神，從上到下依次為日、月、火、水、木、金、土 7 個神。他們讓每個神一週各主管一天，因此每天祭祀一個神，每天都以一個神來命名。

那您是甚麼神呢？

我是太陽神，主管星期天，月亮神主管星期一，火星神主管星期二，水星神主管星期三，木星神主管星期四，金星神主管星期五，土星神主管星期六。

他們來到實驗室是因為你們對着許願樹許願，一週七天的規律遭到破壞，現在七位星神不能正常工作了！

那我現在許願把它變回去！

許願樹

不行，我們要去七星壇將他們的起源盒子重新放回原位，一週七天才能恢復正常。

阿柳博士，那我們快去吧！

七星壇

這些就是記載星期起源的盒子嗎？

應該是按照圖案把盒子放進去吧！

這上面畫着古巴比倫人剛創造星期制時的畫面，應該放在這裏！

放下

剩下的這些盒子是甚麼時候的呢？

我們再仔細看看盒子上有沒有其他信息。

這裏面畫的古猶太人也開始使用星期制了。

咻～

古猶太人帶着基督教到了歐洲，把星期制也帶過去了！歐洲人說的是禮拜一、禮拜二？

他們用的不是星期制嗎？

他們用的就是星期制！只不過他們說成了禮拜一、禮拜二⋯⋯你們看，他們禮拜天去教堂做禮拜了！

我這裏的畫面是中國古代！星期制傳到中國之後，在制定統一名稱時，七日一週與中國古代曆法中日、月、火、水、木、金、土的排列相重合，稱為七曜。

中國的星期是這麼來的呀！

這下就按順序放完了！

為甚麼星期天在最下面呀？

因為信仰基督教的人經常是星期天去做禮拜吧！

哦～

禮拜天是一個星期的第一天，被稱為主日，是慶祝耶穌復活的日子。但是現在全世界都是採用7天為一週的制度，多數國家習慣用週一作為每週的第一天，只有少部分國家不一樣。

甚麼國家不是以星期一為第一天呀？

日本是以星期天為一週的第一天，埃及是以星期六為一週的第一天。

那我們現在將所有的盒子都放回原位了，一週的每一天是不是就恢復正常了？

是呀，現在我們七個又可以好好掌管一週的每一天了。

現在我們所有的星神就能重新歸位七星壇了！

七個星神都回到七星壇裏面了！

再給大家留個問題：2022年的正月初一是星期二，那麼，2022年的兒童節、國慶節是星期幾呢？

小朋友，你能夠答出阿柳博士的問題嗎？你可以通過哪些途徑得到答案呢？

8. 估算魔法

所以到底要怎麼寫嘛……

沒事吧？

我給你們介紹一位能解決你們煩惱的人。

阿柳博士！

來，我們進時空傳送門吧。

哇哦！我們飄起來了！

這些時鐘好像薄餅哦！

時鐘縮小了!

哇哦!

同學們,你們好啊,我是時間魔法師。

時間魔法師有一種神奇的能力,那就是「估算」。

估算?

這是一種不用測量工具、計算工具,只憑藉參照物或個人經驗,做出的近似於真實結果的認識或判斷的方法。

請問時間魔法師,如果我現在想走路去朋友家吃薄餅,中途再耽誤半個小時,能估算出是否來得及嗎?

開飯時間

53

沒問題，只要把你家與朋友家的大概距離告訴我，我就能估算出來哦。

厲害！

估算其實非常簡單哦～你們多思考、多觀察也能學會。

真的嗎？

我帶你們去看看吧。

時間，改變吧！

哇——

我們到古代了耶！

歡迎來到春秋戰國時期！

那個人是誰啊？

那是一直被建築行業尊奉為祖師的魯班。

我知道魯班鎖！

魯班還發明了很多工具！

我們為甚麼要到這裏來呢？

魯班 18 歲那年，就已經成了很有名的巧手匠。那時有個新縣官上任，想蓋座新房，但不知哪個木匠的手藝最好，於是，有人給他推薦了魯班。縣官發現來的竟然是一個年輕人，便對魯班的手藝產生了懷疑，想考考他。

那兩座塔樓好像不一樣高，你看哪座塔樓高些？

西

東

東邊的塔樓比西邊的塔樓高些。

師傅的眼力真不錯。那你知道東邊的塔樓高出多少嗎？

高出 15 分。

我當你真有本領呢，原來你的本領是吹出來的！你怎敢斷定只高出 15 分？

不信的話我們來測測吧。

※ 春秋時期 10 分 ≈ 2.31 厘米

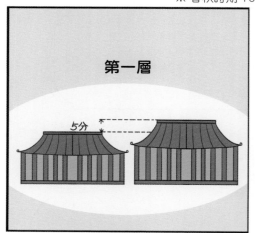

第一層

5分

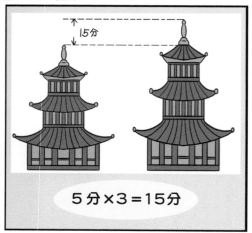

15分

5分×3＝15分

不愧是魯班師傅，果然厲害！

魯班真厲害，我也要好好學習估算，這樣以後就不會遲到了！

如果能學會估算的方法並提高估算能力，那檢查計算結果就更方便了！

65×58＝4372 對不對呢？

哇！也太實用了吧！

把 65 看作 70，把 58 看作 60。
70×60＝4200
65×58 不可能比 70×60 還大，所以一定是算錯了。

大魔法師，我有一個想法！

是甚麼想法？

能不能把時間停下來，讓我好好睡一覺呢？

哈哈哈，李沖沖可真愛睡覺！

9. 魔法幻方舞台劇

這個週末有一場魔法幻方舞台劇，羅大頭、朱栗、李沖沖三個人相約來到劇場。

魔法幻方舞台劇

抱歉，來晚了。

觀眾朋友們，大家好！

魔法幻方舞台劇現在開始！請看大屏幕！

咦？怎麼是阿柳博士？

要被水淹了！

這不是真的水！是阿柳博士變出的幻象！

轟轟隆隆

下雨了？

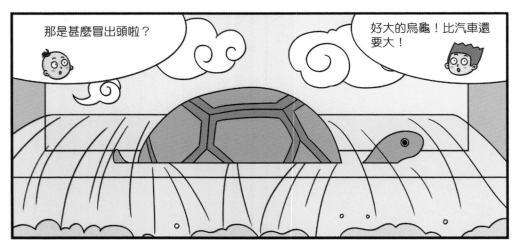

你們看！烏龜的背上還有圖案！

這是祥瑞之兆啊！

很久很久以前，大禹治水時來到了黃河的支流洛水。有一天，河中出現了一隻神龜，牠背上的圖案被人們視作祥瑞之兆。

孩子們上來看看吧！

阿柳博士在叫我們！

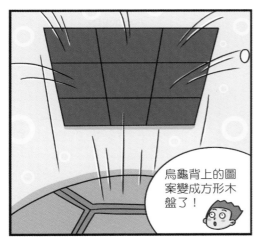

烏龜背上的圖案變成方形木盤了！

有東西掉下來了！

不痛呢！

躲～

裏面居然全是活的數字！

四二為肩，八六為足，左三右七，戴九履一！

數字都整整齊齊排列在方盤上了！

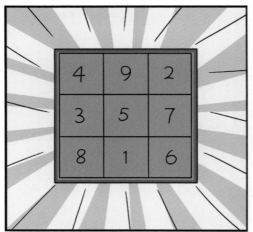

4	9	2
3	5	7
8	1	6

現在我要找幾名幸運觀眾來回答問題。李沖沖，告訴我左邊第一豎排的和是多少？

是 15！

請問朱栗，橫着的第二排的和是多少呢？

是 15！

請問羅大頭，這個圖從左下角到右上角斜着的三個數的和是多少呢？

也是 15！

這奇妙的排列讓數字無論是橫著、豎著，還是斜著相加，每3個數字之和都等於15。

真的耶……

這是怎麼填出來的？

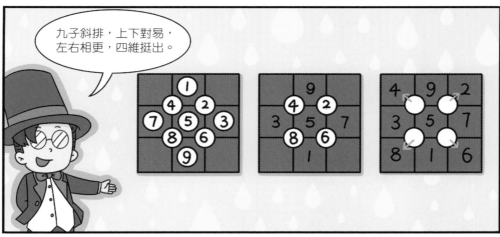

九子斜排，上下對易，左右相更，四維挺出。

這是甚麼奇怪的咒語？

「九子斜排」就是將九個數按照從小到大的順序斜排三行，而「上下對易」則是將9和1對換，「左右相更」是將7和3對換，最後的「四維挺出」則是將4、2、6、8向外移動，如此，便得到神龜背上的圖了。

古人給這個圖起了一個名字叫「洛書」。我們用數字把它翻譯出來，其實就是一個三階幻方。

洛書

哇哦～

還沒完呢！

哇！數字又重新排列了！

讓我們按照剛才的方式再來算一遍。李沖沖，請你告訴我左邊第一豎排的和是多少？

是 16！

請問朱栗，橫着的第二排的和是多少呢？

是 21！

請問羅大頭，這個圖從左下角到右上角斜着的三個數的和是多少呢？

是 19！

居然和剛才完全不一樣了！原來的結果完全相等，現在居然變成每行、每列、對角線三個數的和完全不相等！

這是後人發現的反幻方，它的特性和幻方相反，計算結果從相等變為不等。

按照這個規律，其實很多數字都可以組成幻方，而幻方的作用也很廣泛，現在很多精密設備都離不開幻方理論，比如火箭和飛船。

孩子們，試試看，把 1～16 這 16 個數填入 4×4 的正方格，使它成為幻方，你們能做到嗎？我現在已經填好一些數了，你們能補充完整嗎？

	5	9	
2			14
3			15
	8	12	

1+2+ ⋯ +16＝136　136÷4＝34

若要形成幻方，每行、每列及二對角線上四個數的和都應該是 34！我就提示到這咯！

剩下的就留給觀眾朋友們想一想吧！

10. 神奇的莫比烏斯環

今天，阿柳博士準備帶三個小傢伙去古代衙門，讓孩子們見識一下古人是如何審案的。

你們看，那邊有人被抓了！

那個人好像是因為偷了農民一隻雞而被抓的。

縣官把一張紙條交給執事官了。

應當放掉農民，應當關押小偷。

爹，您不能關押我啊！

這個縣官肯定是寫放掉自己的兒子，而不是關押他啊。

真相其實很簡單，我給你們變一個魔術，你們就知道了。

剛才我在圓環上剪了一次，把它一分為二，這個方法被稱為「二等分」。現在再做一個圓環，沿着圓環畫兩條線，順着這兩條線再來剪一次，我們稱之為「三等分」，你們猜猜有甚麼變化吧！

肯定會得到一個更大的圓環。

你們來試試看！

我來剪上面！

到底會是甚麼樣呢？

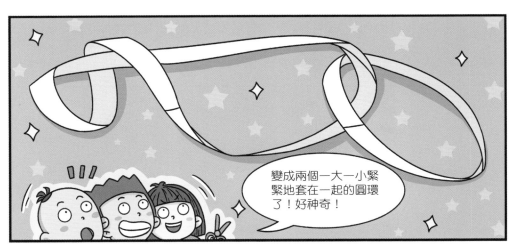

變成兩個一大一小緊緊地套在一起的圓環了！好神奇！

發現這個圓環的是德國數學家莫比烏斯。在一個陽光明媚的午後，莫比烏斯靜靜地坐在桌前，手中拿着一個長長的紙條，他不經意間把紙條擰了一個圈，又把兩頭連接了起來。

他把小螞蟻放到紙環上，小螞蟻感到新鮮又陌生，開始從這邊往那邊探索。莫比烏斯注視着紙上的小螞蟻，你們猜，他發現了甚麼？

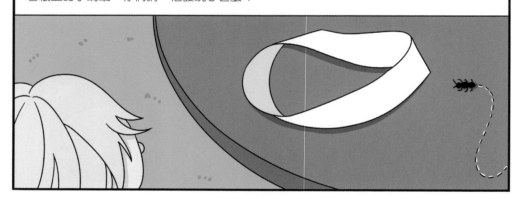

小螞蟻沒有翻越任何一處紙的邊沿，卻爬過了紙表面的每一個地方。這讓莫比烏斯非常驚訝。這個本來是兩個面的紙條，經他剛才的連接，變成了一個面！一個偉大的數學發現就這樣在不經意間誕生了，人們以發現者莫比烏斯的名字來命名它。

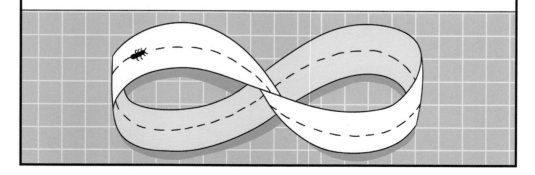

我以後也要修一個巨大的莫比烏斯房子。

你是螞蟻嗎？

其實現實生活中也有很多根據莫比烏斯環來設計的建築。我們用投影儀看看。

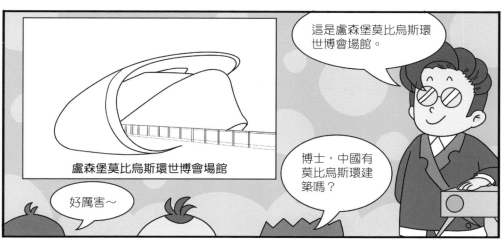

這是盧森堡莫比烏斯環世博會場館。

盧森堡莫比烏斯環世博會場館

好厲害～

博士，中國有莫比烏斯環建築嗎？

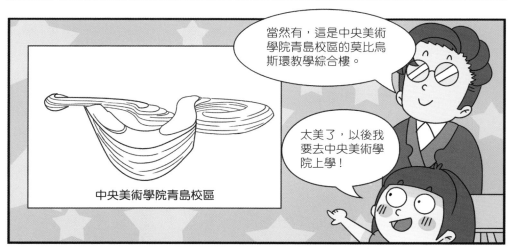

當然有，這是中央美術學院青島校區的莫比烏斯環教學綜合樓。

中央美術學院青島校區

太美了，以後我要去中央美術學院上學！

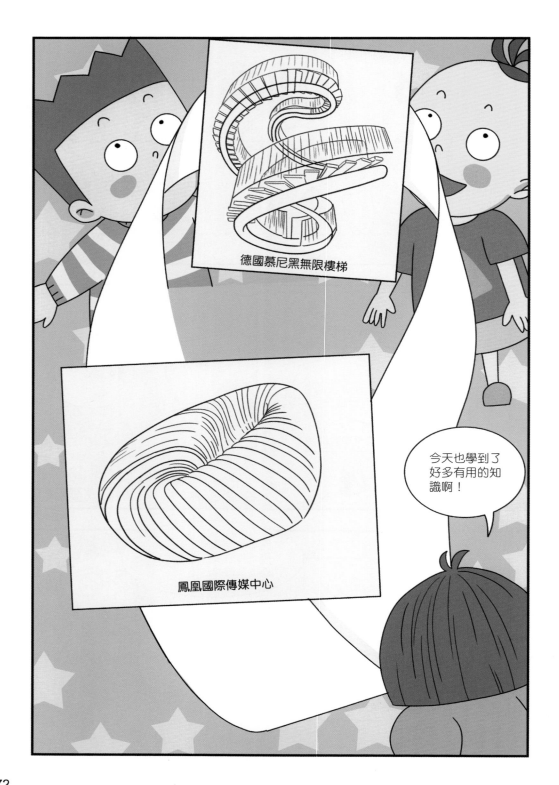

德國慕尼黑無限樓梯

鳳凰國際傳媒中心

今天也學到了好多有用的知識啊！

11. 捉迷藏大賽

捉迷藏大賽

阿柳博士！我們想去參加捉迷藏大賽！

你們有信心獲勝嗎？

那當然！

點頭

捉迷藏大賽

這是偽裝成 m 的數字 3！

我找到藏在草叢裏的小兔子了！

經過幾場分組比賽，3 位小朋友和線段組來到最終決賽了。

看來我們要使出絕招了。

甚麼絕招？

現在請負責找的小組閉上眼睛，1 分鐘之後再開始尋找線段！

好的！

1 分鐘後

我們來找線段吧！

不要着急，我們先來想想他們可能會藏在哪裏？

線段會藏在書頁裏！

找不到……

也有可能藏在筆芯裏！

還是找不到……

悄悄告訴你們，線段偽裝成某些圖形的周長了。

可周長是甚麼意思？這肯定是關鍵之處！

對哇！

你們看，環繞在一個圖形外面的那一圈封閉長度就叫作周長，也就是圖形一周的長度。

圍在圖形外面一周的就是周長啊，我懂了！那這個圖形的周長是不是就是它的兩條邊？

那這個圖形的周長就是它的這三條邊了！

不對不對 …… 看來還是需要給你們舉個例子。羅大頭你過來。

招手一

嘭！

羅大頭變成紙片人了！

哇！我現在可以隨風飄起來了！

你們知道羅大頭的周長是多少嗎？

羅大頭又不是圖形，怎麼能算周長呢？

對啊！

畫～

那現在呢？

紙片人羅大頭和這個框好像一對雙胞胎！

周長是指圖形一周的長度，且必須是封閉圖形。但周長不是圖形特有的。我再給你們看一個例子。

你們知道這個圖形的周長要算哪些部分嗎？

我知道！肯定是算有弧度的這一部分。

你如果只算有弧度這一部分，那麼這個圖形就不是封閉的了！我們還要把它的底邊算進去，這樣才是周長。

我懂了，就像這個線條小人，它一周的長度就是紙片人羅大頭的周長。

嘭！

羅大頭變回來了！

對，所以圖形的周長可不是統一的，不同的圖形周長也不一樣。

你們別看我，我可甚麼都不知道！

三角形是由三條邊組成的，所以它的周長是這三條邊加起來的長度嗎？

你說的沒錯。

那長方形的周長不就是它的四條邊加起來的長度咯。

可以這麼說，或者說只要是四邊形，它的周長都是四條邊加起來的長度。你們知道長方形有甚麼特別之處嗎？

這我知道！長方形的兩條長相等，兩條寬也相等！

對。

那你們知道應該怎樣計算正方形的周長嗎？

知道！

正方形四條邊都相等，所以正方形的周長是一條邊的長乘以 4。

在阿柳博士講解完相關的知識後，孩子們靈活地開動腦筋算出了許多圖形的周長，這下線段們無所遁形了！

沒過多久，偽裝起來的線段就全被小夥伴們找到了。

你們居然能想出辦法找到我們，我們甘拜下風！

多虧了周長的知識！

12. 愛較勁的地毯

我肯定比你大！

別吵啦！

別吵，我們來幫你們比大小。

可我們該怎麼幫他們比大小呢？

被吵醒～

用面積來比啊。

甚麼是面積啊？

物體表面的大小就是這個物體的面積。比如，數學書封面的大小就是它封面的面積，黑板的大小就是黑板的面積。

數學

長方形地毯比正方形地毯高，所以長方形地毯更大吧。

可正方形地毯比長方形地毯寬啊。

那我們把這多出來的兩部分剪掉，再對比一下，不就行了嗎？

不行！

這也不對，那也不行。

後退

你們看，兩張地毯的身上都有一些大小相同的小格子。也許可以利用它們？

我們可以把這些小格子看成邊長為 1 的正方形，那它的面積也是 1。

那我有辦法了！我們可以通過數格子來算他們的面積啊！哪張地毯的格子多，就說明哪張地毯的面積大。

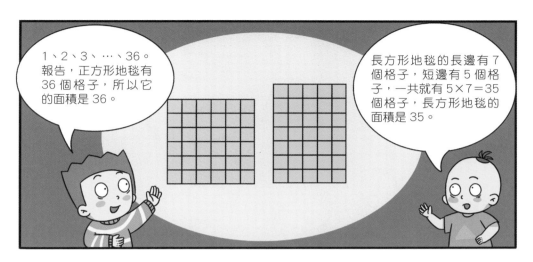

1、2、3、…、36。報告，正方形地毯有 36 個格子，所以它的面積是 36。

長方形地毯的長邊有 7 個格子，短邊有 5 個格子，一共就有 5×7＝35 個格子，長方形地毯的面積是 35。

哈哈哈哈哈哈哈哈哈！承認吧！我才是老大！小長方形！

你面積比我大又怎麼樣！有本事，我們比比周長。我的周長肯定比你長！

不許叫我小長方形！

消消氣，我們這就幫你們算周長。

比就比，輸了可別哭鼻子啊～

1、2、3、……6。正方形地毯的一邊有 6 個小格子，所以他的周長就是 6×4＝24。

長方形地毯的長是 5 個小格子，寬是 7 個小格子，所以他的周長是（5＋7）×2＝24。他們的周長是一樣的呀！

為甚麼他們的周長一樣，面積卻是正方形的更大呢？

會不會是和邊長有關係？

我知道怎麼算長方形的面積了！他的長是 5、寬是 7、面積是 35，那面積就是長×寬，正好是 5×7＝35。

我也發現正方形的面積就是邊長×邊長，6×6＝36。

我這裏有 4 根一模一樣的線。既然懂得了面積怎麼計算，你們就來試試算這幾個圖形的周長和面積吧。

好耶！

它們的周長都是 16，剛才阿柳博士用的線都是一樣長的。

第一個長方形的面積是 7×1＝7，第二個長方形的面積是 3×5＝15，第三個長方形的面積是 2×6＝12，而正方形的面積是 4×4＝16。

沒錯！這幾個周長相等的四邊形，當它們的長和寬逐漸接近的時候，它們的面積就越來越大。當長＝寬的時候，這個圖形成了正方形，也就到了面積最大的時候。

為甚麼會出現這種情況呢？

我們可以用構造法來解釋。假設長為 a，寬為 b 的長方形的周長是一定的，那麼它的半周長（$a+b$）也是一定的。我們用 4 個一樣的長方形拼成下面這樣的圖。

再用邊長是（$a+b$）÷2 的 4 個正方形拼出另一個圖，顯然兩個大正方形的面積相等。長方形面積＝（大正方形面積 − 中間藍色面積）÷4，正方形面積＝大正方形面積 ÷4。可以發現，當兩個數相差越小時，它們的乘積越大；當兩個數相等時，它們的乘積最大。

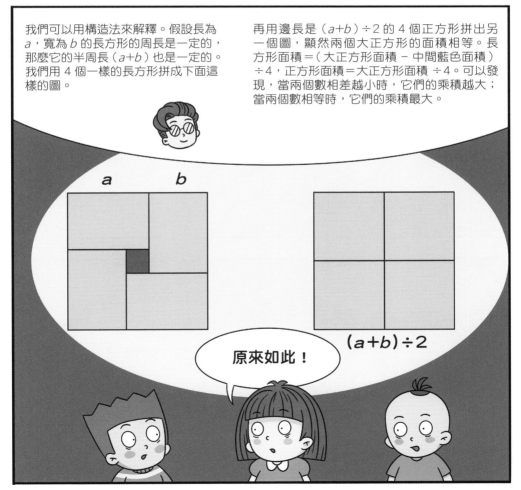

原來如此！

13. 羅大頭與小人國（一）

羅大頭他們交到了新朋友——來自小人國的迷你小人們。

謝謝你們分享有趣的故事。

我們為新朋友開一場宴會吧！

好主意！

宴請遠道而來的客人，我們中國人有傳統的方法。傳說畫聖吳道子在接待他朋友時，使用過一種桌子⋯⋯

它！這個四四方方的桌子，也就是現在的八仙桌。你們如果想要莊重地接待朋友，用八仙桌是再合適不過的了。

出發！

不好意思，現在城市裏已經很少賣這種傳統的桌子了。

Shop

超市裏都買不到，那我們該去哪裏找呢？

我們知道哪裏能找到你們想要的東西了！

傳說我們國家有一片「有求必應」海，只要你答對海的問題，海就會給你你想要的東西。

穿過前面的森林就到了！

哈哈！那不只是一片草叢嗎？

我們到了！

哈哈哈！這哪是海啊！這不就是個井嘛！

噗噗～

您好，我們想要八仙桌來宴請好朋友，請問您能變出來嗎？

我是無所不能的，只要你們能答對我的問題，就能得到想要的東西。

沒問題！

這裏有一堆等腰直角三角形，請你們想辦法把它們拼成八仙桌桌面的形狀。

小意思！

兩個、四個或八個直角三角形像這樣放，就能拼出八仙桌桌面的形狀 —— 正方形！

沒錯！

正方形真的變成八仙桌了！

但一張桌子完全不夠呢，我們還要繼續答題。

這是一個長 9 厘米、寬 4 厘米的長方形,你們把它切成相同的兩塊,然後拼成一個正方形,該怎麼做呢?

9

4

正方形就是四邊要相等,所以四條邊的長度不能不同。

對,我們可以改變長方形的形狀,長方形面積有多大,正方形的面積就有多大。

長方形的面積是長乘寬,就是 9×4 等於 36,而正方形四邊長度相同,也就是必須由兩個相同的數字相乘等於 36。

9

4

9 × 4 = 36

6×6 等於 36!

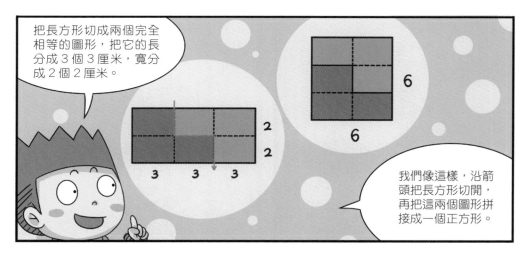

把長方形切成兩個完全相等的圖形,把它的長分成 3 個 3 厘米,寬分成 2 個 2 厘米。

2

2

3　3　3

6

6

我們像這樣,沿箭頭把長方形切開,再把這兩個圖形拼接成一個正方形。

答對了!

接下來是最後一個問題。

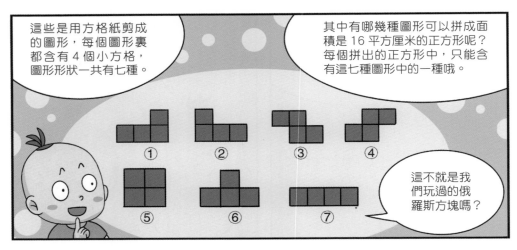

這些是用方格紙剪成的圖形,每個圖形裏都含有 4 個小方格,圖形形狀一共有七種。

其中有哪幾種圖形可以拼成面積是 16 平方厘米的正方形呢?每個拼出的正方形中,只能含有這七種圖形中的一種哦。

① ② ③ ④

⑤ ⑥ ⑦

這不就是我們玩過的俄羅斯方塊嗎?

對!是俄羅斯方塊!

這可難不倒我們!

一個面積是 16 平方厘米的正方形，邊長應該是 4 厘米，所以我們只要保證能夠得到邊長是 4 厘米的正方形就可以了。

將圖形 ① 旋轉 180 度，將它和未旋轉時的圖形 ① 拼成一個長方形。重複剛才的操作，再拼出第二個長方形，最後將兩個長方形重疊在一起，就能拼出邊長為 4 厘米的正方形了。

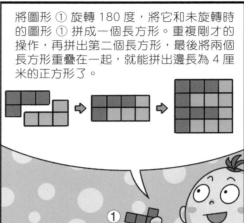

這個和上一種拼法一樣！

4 個小正方形可以直接拼出大正方形！

用 4 個圖形 ⑥ 互相咬合便得到了第四個正方形。

把 4 個圖形 ⑦ 疊成一排，就得到第五個正方形啦！

95

而圖形 ③ 和圖形 ④ 拼不出正方形。

這下桌子就夠了！

你們居然這麼快就解決了我提出的所有問題，那我再送你們一份禮物吧！

哇！我們變得和小人國民一樣小了！

變小～

走！我們去舉辦盛宴吧！

14. 羅大頭與小人國（二）

小人朋友們邀請我們去小人國玩，阿柳博士，可以把我們變小嗎？

點頭

我先把你們變小，如果想回家了，只要用這個放大裝置的光照一照，你們就能變回原來的體型。

小人國

他們好像在討論甚麼？

你們在說甚麼啊？

我們在準備宴會的過程中遇到了一個問題。

我們不知道需要多少張桌子串聯在一起才能容納所有人。

這個問題我們來解決！

啪！

一張桌子可以坐 4 個人，那兩張桌子應該就能坐 8 個人。

不對，舉行宴會時桌子是挨着排成長龍一樣的，那麼兩張桌子就坐不下 8 個人了。

兩張桌子旁邊有 6 個圓圈，代表兩張桌子能坐 6 個人。

那再加一張桌子試試！

三張桌子可以坐 8 個人，我已經發現其中的規律了！

只要多出兩人，就應該加一張桌子！

難道我們要一個一個地去加才能算出需要多少張桌子嗎？

NO ～ NO ～ NO ～

我們可以先不考慮兩端，只看上下兩邊。每一張桌子對應兩人，再加上兩端的兩人，這樣就能很簡單地計算出桌子的數量了。

我明白了，假如有 30 人，那麼減去兩端的兩人就只有 28 人了，再用 28 除以 2 就是桌子的數量！

30 人就需要 14 張桌子。

先減去桌子兩端的兩個人，因為每一張桌子對應兩個人，所以用剩餘的人數除以 2，就能得到桌子的數量啦！

對！就是這個規律！

小人國一共有 61 位居民，加上你們 3 人，一共是 64 個人。

去掉兩端的兩人，那麼把剩下的 62 人除以 2，等於 31。需要 31 張桌子！

我們可以開始準備宴會了！

好耶！

真好吃！

這個葡萄好大！好好吃！

掉出

嗯？

變大～

植物變得好大！我們被叢林困住了！

怎麼辦啊？羅大頭！我們出不去了！

先冷靜一點，會有辦法的。

大家不要急！我有辦法走出迷宮！大家跟着我們，之前阿柳博士有教過我們怎麼解開迷宮謎題。

現在我們分成三組，每組嘗試一種方法，我們一定能走出迷宮的！

我們要把學過的知識運用起來！

因為迷宮一定有一條通路，所以我們可以用左手或者右手摸着牆壁前進，只要中途不換手，就一定能找到出去的路。

我負責用左手！

那我負責用右手！

那我就選擇第三種方法。

用石子做記號！每次遇到岔路口，我就做一個記號，然後隨便選一條路走，如果遇到死路或者是繞圈的道路就馬上回到這個做了記號的岔路口，選另外的道路，一直這樣就能找到出口！

是排除法。

那我們待會兒就在出口處相見吧！

我帶着一部分居民往左邊走！

終於，在轉過最後一個路口後，耀眼的燈光照亮了黑暗的灌木森林。

我們成功了！

一定要把今天的事情講給阿柳博士聽！

自豪

15. 金色城堡的祕密

芝麻芝麻快開門！

怎麼還是打不開呢？

按鈕出現

① ② ③ ④ ⑤

哈哈哈！這可是密碼門，要把這 6 個數字正確地放在這 6 個圓圈按鈕裏面，使得三角形每條邊上的數字之和相等，門就會自動打開了。

① ② ③ ④ ⑤ ⑥

只有兩次機會哦！如果兩次都錯了，大門就要等到明天才有機會打開了。快試試吧！

哈哈，不就是填數陣圖嗎？我來試試！

信心滿滿！

對不起，密碼有誤，今天還有一次機會！

① ⑤ ⑥ ② ③ ④

李沖沖你太草率了！你應該先想想怎樣才能使三角形每條邊上的數字之和相等，然後才能放進去呀！

那要怎麼做呢？

我們可以先看看這個圖案有甚麼特點。

你們看，每條邊上有 3 個圓，但頂點處的圓是兩邊共用的。

108

對對，就是頂點處的圓！

我也發現啦，這個圓最厲害，所以我放了個最小的數。哈哈！

跺腳

放不放小數沒甚麼關係……

關鍵呀，是這個圓中的數要加到兩條邊上，能使各邊上三數之和相等，這才是它最特別的地方！

哦，有道理！

那把哪個數放在頂點處比較好呢？

我想到了一種「割補法」！先把 3 個最小的數放在頂點處。

再把最大的數放在和最小的兩個數中間，第二大的數放在和第二小的兩個數中間。

第三大的數放在和最大的兩個數中間。

那就是 1、6、2，1、5、3 和 2、4、3。

它們的和都是 9。

快成功啦！

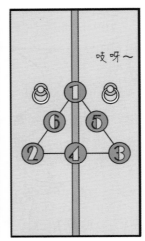

咬呀～

太好啦！門開啦！！

同學們，密碼門頂點處除了可以填入1、2、3，還可以填別的數字哦，你能試試填寫出來嗎？

如果你能成功的話，金色城堡歡迎你來玩。

我們在金色城堡等你！

16. 從麥田怪圈談起

阿柳博士，你快看今天的新聞，發現了外星飛船！

發現外星飛船

快給我看看！

飛船

外星人？昨晚出現的？！

我想起來了，昨晚我看見窗外有一團白光劃過，難道那就是外星人的飛船？

那我們快去看看外星人還在不在！阿柳博士，快帶我們去郊區吧！

可以啊。

也看不出甚麼呀……

我們坐熱氣球去天上往下看看！

哇～

哈哈！外星人怎麼像蝌蚪一樣？

這個是麥田怪圈～

阿柳博士，麥田怪圈到底是怎麼出現的呀？

你們覺得呢？

我覺得是外星人用了神祕力量，呼的一下就把圖案留在了地面。

我覺得是外星人的飛船降落時留下來的印！

在 20 世紀 80 年代初，英國人在漢普郡和威斯特一帶屢屢發現怪圈，而且大多出現在麥田裏，所以將它命名為麥田怪圈。有人說，出現麥田怪圈的地方出現了 UFO（不明飛行物），所以認為它是外星人弄出來的。

真的是外星人？

還有人認為是人為壓出來的。

這麼多，人怎麼可能壓出來呢？

的確很不可思議，所以很多人用外星人來解釋它的出現。

阿柳博士，其他地方的麥田怪圈也是這樣的嗎？

我們回實驗室看看吧。

哇，有好多不同的麥田怪圈耶！

還有圓形的！

而且它的每個圓都是等比例變大的！

這個是三角形的，像某種印記。

這是力量的象徵！

為甚麼是力量的象徵？

因為三角形穩定呀！它有開始、中點和結束，所以象徵着力量。

難道這就是外星人的神祕力量？

還有正方形和五角星形狀的！

五角星好像星星！難道外星人是從星星上來的？

正因為它像星星，所以 1997 年位於伯頓的一個怪圈就以「星辰」命名。

這邊這個怪圈是正六邊形。

正六邊形代表理性和太陽系，因為它包含了 6 個等邊三角形，正好是字母代碼學象徵太陽的數字 666。

正六邊形是怎麼畫出來的呢？

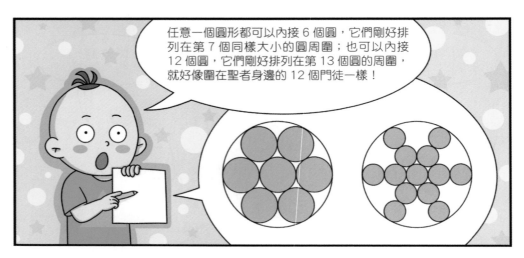

任意一個圓形都可以內接 6 個圓，它們剛好排列在第 7 個同樣大小的圓周圍；也可以內接 12 個圓，它們剛好排列在第 13 個圓的周圍，就好像圍在聖者身邊的 12 個門徒一樣！

我知道了。它們與圖形的 6 個交點將圓形的周長分為 6 等份，這樣就能畫出正六邊形了。

我發現所有的麥田怪圈裏都有好多圖形！

點頭

沒錯，麥田怪圈裏不僅僅有圓形，還有很多其他的幾何圖形。

那圓能推出正六邊形，也能推出其他圖形嗎？

我們來畫一畫不就知道了。

小朋友們在紙上畫來畫去，最後發現還能推出五邊形，得到五角星。

正五邊形的一個內角是 108°，正五角星的一個尖角是 36°，小三角形的底角是 72°。

哇！《水滸傳》裏有 36 個天罡星，72 個地煞星，共 108 個英雄好漢，真是太巧了！

李沖沖真會聯想！善於聯想，也是學好數學需要的素養，希望同學們在今後的學習中向李沖沖學習。

嘿嘿～

17. 畫出新世界

好無聊哦～

積木已經玩膩了！

要是能自己動手創造一個世界就好了。

羅大頭，你的想像力也太豐富了，女媧都只能造人，你居然想創造一個世界。

我其實也想……

創造一個世界？你們的想像力真豐富，不過這個願望也不是不能實現。

驚！

阿柳博士！快幫幫我們好不好？

擦！

周圍的世界都被擦掉了！

我們像在一張白紙裏！

來，這是你們創造世界的工具。

我是旋轉畫筆！

我是平移畫筆！

我是軸對稱畫筆！

來試試用這些畫筆的特性畫出你們想要的世界吧。

120

阿柳博士，甚麼是旋轉啊？

在平面內，把一個圖形繞一個定點 O 沿某個方向轉動一定角度，這樣的圖形運動就叫旋轉，點 O 叫作旋轉中心。

來，我給你們做一個示範。

一片花瓣能做甚麼啊？

那這樣呢？

哇！用旋轉畫筆畫出的鮮花好漂亮啊！

這就是旋轉的奧祕，你們看明白了嗎？

點頭

看我的！

好厲害啊！
我也試試。

阿柳博士，為甚麼我的筆畫不出來呀？

唰

因為你用的是平移畫筆呀！

甚麼是平移呀？

平移是指在同一平面內，將一個圖形上的所有點都按照某個直線方向作相同距離的移動，這樣的圖形運動叫作圖形的平移。

長方形變成兩個了！

再把裏邊的小長方形平移。

出現了很多窗戶，這是房子！

但是平移的意思，不是水平移動嗎？

平移的方向不限於水平。圖形平移前後的形狀和大小沒有變化，只是位置發生變化。圖形平移後，每組對應點連成的線段都平行，或在同一直線上且長度相等。

原來如此！

畫出的樹和公路也能平移。

平移出很多道路、房子和樹就能畫出一座城市啦！

阿柳博士！我的筆是畫軸對稱圖形的，該怎麼使用呢？

看，你和鏡子裏面的你就是以鏡子為對稱軸的軸對稱圖形。

我想起來了，我在白雪公主的城堡裏見過軸對稱圖形！它們就是關於一條直線完全對稱的圖形呀！

對！你記性真不錯。把一個圖形沿着某一條直線摺疊，如果它兩邊的圖形可以重合，就稱這個圖形軸對稱。

我們的臉也是以鼻子為對稱軸的軸對稱圖形。

小動物也是軸對稱的，我們還能畫一些人和小動物！

走！我們一起去參觀一下這個新世界吧！

哇！是一條傳送帶！

你們看那個大大的風力發電機，是通過旋轉的方法畫出來的。

那個寺廟是通過軸對稱的方法畫出來的。

羅大頭，你能找到有關平移的事物嗎？

我當然找得到！

我們從傳送帶的那頭到達這頭，就是最典型的平移！

18. 美妙的韋恩圖

甚麼是韋恩圖的開關啊？

正方形就是那兩塊圓板的開關。

可是我們沒有拿正方形呀！

你們知道正方形在幾何中屬於哪種圖形嗎？

正方形不就是正方形嗎？還會是甚麼圖形？

正方形還屬於矩形！

那如果讓你用一個範圍來表示，你會怎麼做呢？

嗯……

正方形是一種特殊的矩形，所以它一定在矩形裏面，是不是？

矩形

正方形

沒錯!朱栗理解得很對。那你們想想,正方形除了屬於矩形外,還屬於甚麼呢?

正方形還屬於菱形!

那它到底是屬於菱形還是矩形?怎麼表示呢?

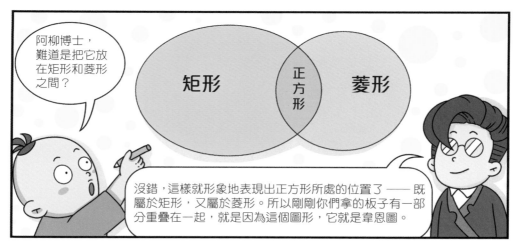

阿柳博士,難道是把它放在矩形和菱形之間?

矩形

正方形

菱形

沒錯,這樣就形象地表現出正方形所處的位置了 —— 既屬於矩形,又屬於菱形。所以剛剛你們拿的板子有一部分重疊在一起,就是因為這個圖形,它就是韋恩圖。

韋恩圖?那是甚麼?

韋恩圖,也叫文氏圖,是由英國的哲學家和數學家約翰·韋恩發明的,是用封閉的曲線來表示事物之間關係的圖形。為了表彰韋恩的這一發明,在著名的劍橋大學還專門修建了一幢大樓叫韋恩樓。

韋恩

原來是世界知名的數學家韋恩發明的呀！

咬 咬

你們在幹嘛呀？

我們在選兵呢！

你們在選甚麼兵？

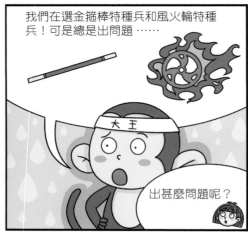

我們在選金箍棒特種兵和風火輪特種兵！可是總是出問題⋯⋯

出甚麼問題呢？

會金箍棒的猴子有 16 隻，會風火輪的有 10 隻，10+16=26 隻，可是我們一共只有 23 隻猴子呀！還有 3 隻猴子去哪了呢？

16 隻

10 隻

我們幫你解決吧！

會金箍棒的猴子去左邊圈，會風火輪的猴子去右邊圈！

金箍棒

風火輪

看！還剩 3 隻猴子一直在兩個圈之間跳來跳去。

你們為甚麼不進去呢？

我們兩種武器都會呀！

原來問題出在這裏呢！在計算的時候，這 3 隻小猴子算了兩遍，所以才會多出 3 隻猴子。

你們 3 個就站在這兩個圈重合的地方！猴子大王，你看，這樣就能看出來哪些猴子會哪些武器了！

金箍棒

風火輪

金箍棒和風火輪

這個方法好，你用的這個圖既準確、又簡明！

開心

這個圖叫作韋恩圖，中間重合的就是既符合左邊又符合右邊的部分。你看，小猴子們一邊會金箍棒，一邊會風火輪，把這兩個圖交叉起來，重合部分就是兩種武器都會的小猴子待的地方了。

那兩種武器都會的小猴子就組成一個新組織——無敵特種兵吧！

這次真的謝謝你們了！

哇哦！

謝謝！

謝謝！

19. 七橋問題與一筆畫

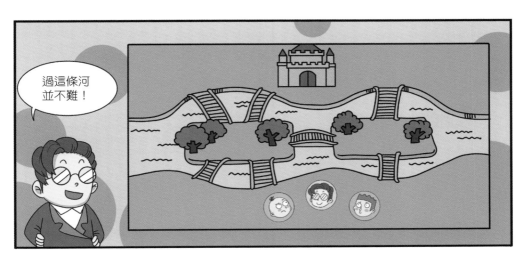

同樣是連通圖,為甚麼有的可以一筆畫完,而有的不行呢?你們仔細看看這些圖形有甚麼不同?

觀察一下線條和點的關係,你們能找出它們的特點嗎?

我看到有些點連着兩條線,有些點連着三條線。

沒錯!我們可以把從某點發出的線條為奇數條的點稱為奇點,把發出的線條為偶數條的點稱為偶點。

偶點

奇點

我發現了!第一個圖和第三個圖只有兩個奇點,其餘全是偶點,所以它們能一筆畫成;第二個圖全是偶點,所以它也能一筆畫成;而第四個圖中的點全是奇點,只有它不能一筆畫成。

只有兩個奇點，其餘全是偶點的圖形能夠一筆畫出來，是因為可以從一個奇點開始畫，再到另一個奇點結束。如果再多幾個奇點就行不通了。而全是偶點的圖形則可以從任意一點開始一筆畫完，並剛好在這一點結束。

可是這跟我們過河有甚麼關係啊？

你們看這個橋和連通圖有甚麼相同之處嗎？

我們可以將這個橋看成連通圖！

對呀！每座橋都要走一遍且只能走一遍，就相當於一筆畫完連通圖呀！

沒錯，所以我們可以用一筆畫完連通圖的方法來走過這些橋。

137

把兩岸看作 C、D 點就能得到這樣的連通圖。這個圖有 4 個奇點呀！不能一筆畫完，這可怎麼辦呢？

你們發現啦，著名的七橋問題其實是一個無解問題。不過大家在解決七橋問題的時候，發現了很多其他的方法，比如數學家歐拉在論文《哥尼斯堡七橋問題》中解決這個問題時，開創了數學新分支 —— 圖論，他將七橋問題轉化成一筆畫出七條線的問題了。

歐拉通過對七橋問題的研究，不僅圓滿地回答了哥尼斯堡居民提出的問題，而且得出了更為廣泛的有關一筆畫的三條結論，人們通常稱之為歐拉定理。

是哪三條結論呢？

1. 凡是由偶點組成的連通圖，一定可以一筆畫成。可以把任一偶點作為起點，最後一定能以這個點為終點畫完此圖。

2. 凡是只有兩個奇點的連通圖（其餘都為偶點），一定可以一筆畫成。必須把一個奇點作為起點，另一個奇點作為終點。

3. 其他情況的圖都不能一筆畫成。用奇點數除以2便可算出此圖需幾筆畫成。

阿柳博士，七橋問題無解，難道我們就不能過河救出朱栗了嗎？

那我們就再搭一座橋！搭到能解為止！

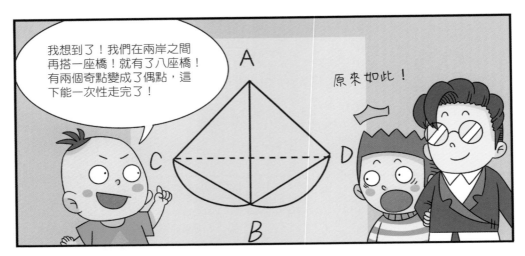

20.「侯寶林」智鬥「華羅庚」

朱栗有一個導演夢，看了許多電影的她想要親自導演一齣戲。

正巧過幾天是數學大師華羅庚的誕辰紀念日，我們來演一齣數學家華羅庚和相聲大師侯寶林的小品吧。

來吧！

開始！

華羅庚

侯寶林

咋

甚麼時候 2+2 不等於 4 呢？

?

當數學家喝醉了的時候！

2+2≠4

嗝

你這是在逗我呢！

橘子汁一斤 4 角 4 分錢，麻煩你幫我打一斤橘子汁回來，順便再帶一包 4 分錢的炒米花。這是 4 角 4 分錢，給你。

好的……

等一下！

羅大頭，這裏不應該只給 4 角 4 分錢，買了橘子汁就沒有錢買炒米花了！

可是劇本上寫的就是 4 角 4 分錢呀！而且侯寶林還買回了一斤橘子汁和一包炒米花。

難道劇本寫錯了？

劇本沒寫錯，侯寶林大師的確用 4 角 4 分錢買回了一斤橘子汁和一包炒米花。

博士！

我知道了！侯寶林大師買橘子汁的時候，老闆送了他一包炒米花是不是？

並沒有哦～

那他是怎麼買回來橘子汁和炒米花的呢？

侯寶林大師去了十家店打了一斤橘子汁。

那他每家店只打一兩，可是每一兩橘子汁也是4分4釐呀！

我們也去店裏打一兩橘子汁，看看老闆怎麼收錢吧！

70年代的北京

這就是老北京啊！

老闆，請打一兩橘子汁。

算你4分錢。

不是寫的橘子汁 4 角 4 分一斤嗎？一兩應該是 4 分 4 釐呀！

小朋友，一兩橘子汁我不能收你 5 分錢呀。可是我又沒有一釐退給你，四捨五入嘛！所以捨掉 4 釐，只收你 4 分錢了。

甚麼是四捨五入呢？

難道是遇到 4 就捨去，遇到 5 就……

四捨五入可不是這個意思。四捨五入其實是一種取近似數的方法。

在取近似數的時候，如果尾數的最高位數字是 4 或者比 4 小，就把尾數捨掉；如果尾數的最高位數字是 5 或者比 5 大，就把尾數捨去，並在它的前一位進 1。這種取近似數的方法就叫作四捨五入法。

是誰發明這種方法的呀？

這並沒有記載，應該是古人在日常生活中自己發明的一種方法吧。不過據資料記載，中國是最早使用近似計算的國家。

原來是這樣！

那他們是甚麼時候開始用的呢？

最早是甚麼時候開始的不知道，不過在公元前2世紀的《淮南子》一書中就有關於四捨五入的應用。

明朝的程大位在《算法統綜》的十進小數運算中明確記載了「以五收之，以四去之」。

原來如此！

哦～

原來侯寶林大師就是在十家店各打了一兩橘子汁，用四捨五入的方法只用了四角錢，剩下的4分錢剛好買了一包炒米花呀！

21. 小方塊去哪裏了

明明是由一模一樣的圖形拼成的，怎麼會少了一塊呢？

事情還要從早上說起。

咳！

羅大頭、朱栗、李沖沖！我來了！

嗯，知道了……我們在看圖形世界呢。

你們看我一眼！我能帶你們去圖形世界啊！

好～

阿柳博士！我們要去圖形世界玩！

乖巧

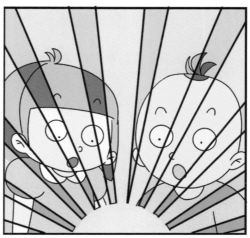

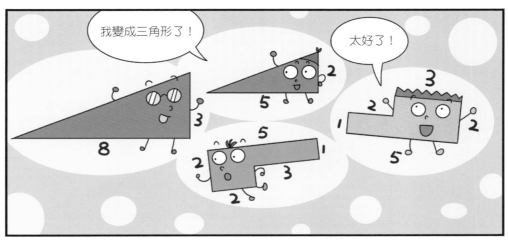

我變成三角形了！

太好了！

阿柳博士，這真有意思。我們居然變成圖形了。

哈哈！還等甚麼呢，我們快進去圖形世界玩吧！

圖形世界！我們來了！

站住！你們這些奇怪的圖形是從哪裏來的？

我們是準備去圖形世界參觀的人類，能讓我們進去嗎？

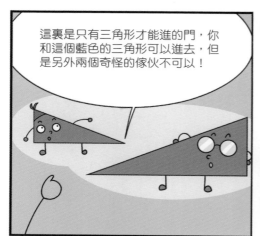

這裏是只有三角形才能進的門，你和這個藍色的三角形可以進去，但是另外兩個奇怪的傢伙不可以！

那怎麼辦啊？

我們來試試！羅大頭，你和李沖沖剛好可以拼成一個長是 5、寬是 3 的長方形。我的短直角邊是 3，朱栗的長直角邊是 5，我站你們的左邊，朱栗去你們上面，這樣正好看起來像個三角形。

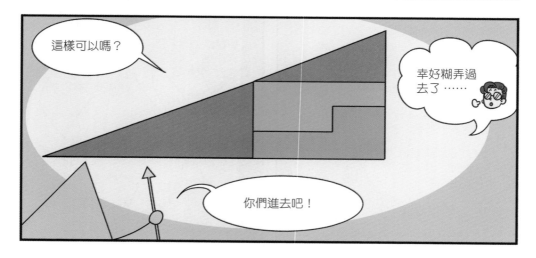

這樣可以嗎？

幸好糊弄過去了⋯⋯

你們進去吧！

正方形和長方形在比大小耶。

幾個圓形在跑馬拉松!

多邊形們在比誰的邊更多!

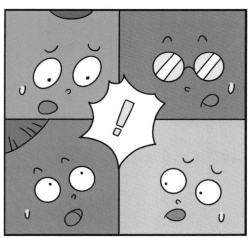

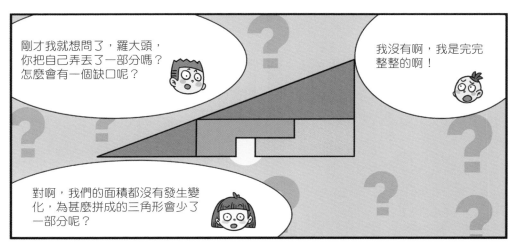

我提醒一下，剛才我們拼成的圖形，並不是一個三角形。

對啊！我們再拼回去，我用正方形先生給我的尺子量一量。

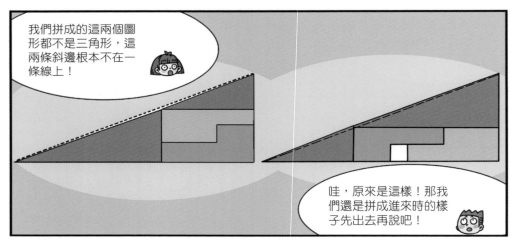

我們拼成的這兩個圖形都不是三角形，這兩條斜邊根本不在一條線上！

哇，原來是這樣！那我們還是拼成進來時的樣子先出去再說吧！

眾人拼成了一開始進圖形世界的樣子，順利通過了守衛三角形，回到了現實世界。

由於我的直角邊和斜邊的夾角與朱栗的直角邊和斜邊的夾角不一樣，我們拼在一起造成了一種視覺欺騙，看起來像是一條直線。其實，我們兩次拼成的圖形都不是三角形。我們後面拼成的圖形的斜邊是凸起的，第一次拼成的圖形是凹進去的，凸起部分和凹陷部分加起來的面積正好就是羅大頭和李沖沖中間缺失的那一小塊。

懂了！

22. 計算機的煩惱

以後我們各幹各的！

我們有問題要解決，不要一直生悶氣呀！

就是就是！我明明是按照你們說的算的呀，我也不知道為甚麼不對！你們還生氣不理我了！

你們到底為甚麼有話只悶在心裏，不說出來呢？

我讓計算機幫我算一下 20:14－13:25 是多少分鐘，可是他算了一上午都沒有算出來！

我要帶一些 1 角、5 角的硬幣去買糖，一包糖要 10 元錢，我有 3 元錢，我讓他幫我算一下還要帶多少個硬幣。計算機說只要一個 5 角和兩個 1 角的硬幣就可以了，但老闆卻說我的錢差太多啦！

可是 5+1+1+3＝10 呀！
就是 10 元錢嘛 ……
沒給他算錯呢！

小計算機呀！算時間和價格
時，跟我們平時計算的加減
可不一樣哦！

哪裏不一樣呢？

價格和時間都是
有單位換算的。

甚麼是單位
換算呢？

那今天就讓我來給
你講講時間和價格
的單位換算吧！

小鬧鐘，你知道 1 個小時
等於多少分鐘嗎？1 分鐘
又等於多少秒？

秒針走一圈，分針走一格；
分針走一圈，時針就走一格。
我一圈有 60 格……

沒錯！所以在時間上，
1 小時＝60 分，
1 分＝60 秒。

原來是這樣，可是
20:14－13:25 我還
是算不出來呀！

時間的「:」前面代表小時，
後面是分鐘，所以在算時
間的時候，都是小時算小
時，分鐘算分鐘，要各算
各的哦！

我明白了，所以
20－13＝7 小時。
可是 14－25 呢？

啪

告訴你一個小方法，假設 20:14
是 20:25，那麼 20:25－13:25 就
剛好是 7 個小時，可是 25 分比
14 分多 11 分，所以就要從 7 小
時裏拿出 1 個小時來減去 11 分。

哦！我知
道了！

1 小時＝60 分，所以 60 分 −11 分＝49 分，20:14−13:25＝6 小時 49 分。

還可以用 60 分 −25 分＝35 分，最後再加 14 分等於 49 分。

原來在算時間的時候要這麼算呀！那價格呢？該怎麼算？

1 元＝10 角，1 角＝10 分，1 元可以換 2 個 5 角，10 個 1 角，或 100 個 1 分。

原來元、角、分之間是十進制啊！

所以 10 元 −3 元＝7 元，7 元可以換 70 個一角或 14 個 5 角的硬幣呀。

我記住了！以後不會再算錯了！

貨幣中的元、角、分採用的是十進制；而時間中的時、分、秒採用的是六十進制。

我們之前在太陽先生那學到的角度單位度、分、秒也是用六十進制。

進位制度都是為了簡化問題，使計算更快捷哦！

嗯嗯～

23. 神奇的數字黑洞

呼叫羅大頭，呼叫羅大頭！

我在這裏！我們現在是在哪裏啊？

你往外面看看。

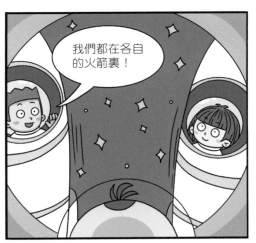

我們都在各自的火箭裏！

所有的星球都是數字的模樣耶！

穿過面前的黑洞，你們就能去到宇宙的神奇角落。

這裏有一扇門，我們進去看看！

落地

門口坐了一個老爺爺。

老爺爺，您好！請問這裏是甚麼地方啊？

這裏是數學宇宙，你們現在所在的地方是數學神廟。在數學神廟裏，你們可能會遇到數學宇宙裏十分奇特、妙不可言的數字黑洞。

數字黑洞？

你們來嘗試一下找出數字黑洞吧～
尋找方法是：
第一，任意寫下 3 個不同的數字。
第二，用這 3 個數字組成不同的三位數。
第三，用組成的最大的數減最小的數。
第四，用得到的三位數中的 3 個數字，
不斷重複前面的步驟。

就讓我們一起來試試吧！

由 5、9、4 這 3 個數字組成的最大的三位數是 954，最小的三位數是 459，所以 954－459＝495。

用 4、9、5 這 3 個數字組成的最大的三位數是 954，最小的三位數是 459，那結果還是 954－459＝495 ！

如果一直按照這樣的規律重複，結果永遠都是 495。

結論也許就是 495 ！
495 就是數字黑洞！

誰能說清其中的道理呢？

我們再來舉一些例子吧！

我選的是 4、5、7 這 3 個數字，由這 3 個數字組成的最大的三位數是 754，最小的三位數是 457，754−457＝297；由 2、9、7 這 3 個數字組成的最大的三位數是 972，最小的三位數是 279，972−279＝693。重複以上步驟，能得到 963−369＝594，954−459＝495。經過四次計算得到了 495。

①754−457=297　②972−279=693

③963−369=594　④954−459=495

我選的是 9、8、1 這 3 個數字，由這 3 個數字組成的最大的三位數是 981，最小的三位數是 189，981−189＝792；由 7、9、2 這 3 個數字組成的最大的三位數是 972，最小的三位數是 279，972−279＝693。重複以上步驟，依次得到 963−369＝594，954−459＝495。 也是用了四次得到 495。

3 個不同的數字中，有 1 個數字是 0 可不可以？

有 1 個數字是 0 是可以的！我選的是 0、4、8 這 3 個數字，由這 3 個數字組成的最大的三位數是 840，最小的三位數是 048，即 48，840－48＝792。重複計算就可以得到 972－279＝693，963－369＝594，954－459＝495。

$$840-48=792$$
$$972-279=693$$
$$963-369=594$$

$$954-459=495$$

由 0、4、8 這 3 個數字組成的最小的三位數怎麼變成了兩位數 48 呢？

048 和 48 的大小一樣，最前面的 0 放在這裏沒有作用，所以可以省略不寫。

這幾個例子表明，只要是 3 個不同的數字，按照這個規則計算，最終都會得到 495。如果要把所有不同的 3 個數字一一進行驗證，也是可以的，只是這樣的情況有 720 種，需要花費很多時間。

啪 啪

你們真是太厲害了！

495

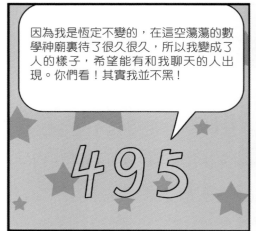

因為我是恆定不變的，在這空蕩蕩的數學神廟裏待了很久很久，所以我變成了人的樣子，希望能有和我聊天的人出現。你們看！其實我並不黑！

你們看，原來數字黑洞是金色的！

記得以後來找我玩啊！

怎麼樣？這場旅行有甚麼有趣的事情發生嗎？

我們發現數學神廟現在已經被「數字黑洞」照得亮亮堂堂的了。我們今後一定要努力鑽研，認真思考，使我們的數學神廟更加流光溢彩，更加燦爛輝煌！

24. 撲克王國的
有趣遊戲

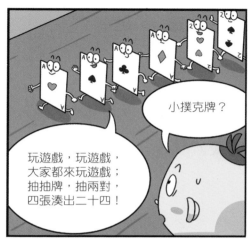

玩遊戲，玩遊戲，大家都來玩遊戲；抽抽牌，抽兩對，四張湊出二十四！

小撲克牌？

湊 24 是甚麼呀？

撲克牌裏有 A、2～10，還有 J、Q、K 和鬼牌。

這個我知道！

一副牌中抽去兩張鬼牌還剩下 52 張，我們把 A、J、Q、K 都當成 1。

任意抽取 4 張牌，把 4 張牌對應的 4 個數組成一個算式，使計算結果正好是 24。

誰先湊出來，4 張牌就歸誰，如果湊不出 24，就要把牌還回去。在規定時間內誰贏的牌最多，誰就是這場比賽的「湊 24 之王」。

感覺好難啊！我算了一下就開始暈了。

其實並不難哦～我已經算出 24 了。

甚麼？這麼快嗎？！

4×（8÷2+2）＝24，你們看，已經湊出來了。

4×（8÷2+2）
=24

是啊！

湊 24 這個遊戲看起來真有趣！

湊 24 遊戲流行於世界各地，因為它的玩法簡單，即使只有一個人也可以自娛自樂一番哦。

那這個遊戲是怎麼來的呢？

湊 24 遊戲是由華人孫士傑先生發明的，他在 1986 年就開始構思，1988 年這個遊戲正式問世並且迅速風行全美。

哦~

但早在 1979 年 1 月，由毛之價、徐方瞿先生整理定稿的《有趣的數學》中就談論過這類湊 24 遊戲。

原來如此！

我們中國人真厲害！

那我們現在就來玩玩這遊戲吧。第一局開始！

我算出來了！
10+4−6=8，
3×8=24。

10+4−6=8
3×8=24

好快呀！你怎麼這麼快呢？

因為 24＝3×8，我一眼就看到牌中有 3，所以想想辦法把另外幾張牌湊成 8 就好了。

第二局開始。

我知道了！
5×5＝25，
3÷3＝1，
25－1＝24。

嚇！

我怎麼就沒想到呢！難道湊 24 有甚麼訣竅嗎？

確實是有訣竅的。你們想聽嗎？

想！

首先，需要熟記能得出 24 的乘法公式。4×6、3×8、12×2、24×1，這幾個都能得出 24。

175

24 真是千變萬化啊！

那我們再來一輪遊戲吧。

這次我知道了！
6÷2＝3，1+7＝8，
3×8＝24！

這次算對了！

接下來大家又玩了幾局，羅大頭最後獲得了冠軍。

我送大家一首兒歌吧！
二十四點真神奇，神奇數字來展示。
說有趣，真有趣，巧妙湊出新算式。
十 九 八 七 六，五 四 三 二 一。
小中括號來助力，+－×÷齊上陣。
歡迎大家試一試，展示聰明和機智！

25. 歐拉的故事

歐拉是從古至今世界上四個最偉大的數學家之一。

1707年4月15日，歐拉誕生了。

巴塞爾城

瑞士

父親保羅·歐拉是一名牧師，很喜歡數學。

寶貝，多學習數學你會發現很多有趣的東西。

數學故事

爸爸，數學太有趣了！

數學故事

代數學

魯道夫

這本書看起來不錯！

這裏看不明白呢！用紅筆勾出來問問別人吧。

您好！數學家伯克哈特先生！我有幾個問題想請教您！

好孩子，我只是個業餘數學家啦！

害羞

代數學

我倒要看看這熊孩子能問我甚麼問題？

伯克哈特先生，請您看看這個代數問題……

這孩子還真不一般！

這是我家的書房，裏面有很多關於數學的著作，歡迎你隨時來學習！

太好了！

一定要常來哦！

好的！

181

那位就是 13 歲的小神童？！這麼小就上大學了。

19 歲時歐拉就榮獲法國巴黎科學院的獎金，自此以後他幾乎在所有的數學領域都取得了卓越的成就，並以平均每年寫出 800 多頁的論文和數部專著成為全世界最高產的數學家。

1783 年 9 月 18 日，歐拉在俄國聖彼得堡的家中一邊和小孫女玩耍，一邊思考着天王星的軌道計算問題。

突然，他從椅子上滑了下來，口裏輕聲說：「我要死了。」一位科學巨人就這樣離世了。

歐拉的死訊傳到學校，師生們失聲痛哭；傳到歐洲，弔唁的信函像雪片一樣飛來，全世界的數學家都向他們敬仰的老師歐拉致以深切的哀悼。

讀讀歐拉，讀讀歐拉，他是我們所有人的老師。

歐拉的故事

7. 漫語星期　答案

2022 年的正月初一是星期二，那麼，2022 年的兒童節、國慶節是星期幾呢？
你可以通過哪些途徑得到答案呢？

答案：2022 年的兒童節是星期三，國慶節是星期六。

（1）　計算：2022 年正月初一是星期二，也就是 2 月 1 日是星期二，兒童節是
　　　 6 月 1 日，相差時間為 2 月的天數 +3 月的天數 +4 月的天數 +5 月的天
　　　 數，即：28+31+30+31＝120（天），120÷7＝17 …… 1，所以 6 月
　　　 1 日就是星期三。
　　　 同樣的道理可以計算出國慶節是星期六。

（2）　查看日曆。

9. 魔法幻方舞台劇　答案

孩子們，試試看，把 1～16 這幾個數填入 4×4 的正方格，使它成為幻方，
你們能做到嗎？我現在已經填好一些數了，你們能補充完整嗎？

16	5	9	4
2	11	7	14
3	10	6	15
13	8	12	1

15. 金色城堡的祕密　答案

同學們，密碼門頂點處除了可以填入 1、2、3，還可以填別的數字哦，你能試試填寫出來嗎？如果你能成功的話，金色城堡歡迎你來玩。

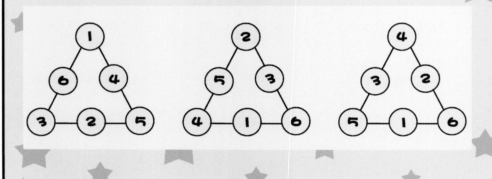

24. 撲克王國的有趣遊戲　答案

大家再試試用下列各組數去湊 24 吧，比比看，誰是冠軍？

（1）1　2　3　4		$(1+2+3)×4=24$
（2）3　4　5　6		$(5-4+3)×6=24$
（3）5　6　7　8		$8÷(7-5)×6=24$
（4）0　2　4　6		$0÷2+4×6=24$
（5）2　4　6　8		$6÷(4-2)×8=24$
（6）4　6　8　10		$10×(8-6)+4=24$
（7）3　5　7　9		$3+5+7+9=24$
（8）11　15　17　19		$(17-11)×(19-15)=24$

我的數學奇趣世界

在這裏寫下關於數學的奇思妙想吧。